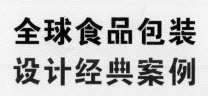

# 全球食品包装
# 设计经典案例

U0178543

刘杨 袁家宁 主编

寇凯 译

中国画报出版社 · 北京

图书在版编目 (CIP) 数据

全球食品包装设计经典案例 / 刘杨, 袁家宁主编；
寇凯译. -- 北京：中国画报出版社, 2022.3
　ISBN 978-7-5146-1878-5

　Ⅰ. ①全… Ⅱ. ①刘… ②袁… ③寇… Ⅲ. ①食品包
装—包装设计 Ⅳ. ①TS206.2

中国版本图书馆CIP数据核字(2020)第038600号

北京市版权局著作权合同登记号：图字01-2020-1135

Delicious Colour: Food Packaging Design © 2017 Designer Books Co., Ltd

This Edition published by China Pictorial Press Co. Ltd under licence from Designer Books
Co., Ltd, 2/F Yau Tak Building 167, Lockhart Road, Wanchai, Hong Kong, China,
© 2017 Designer Books Co., Ltd.

全球食品包装设计经典案例

刘杨 袁家宁 主编　　寇凯 译

出 版 人：于九涛
策　　划：迪赛纳图书
责任编辑：李　媛
责任印制：焦　洋
营销编辑：孙小雨

出版发行：中国画报出版社
地　　址：中国北京市海淀区车公庄西路33号　邮编：100048
发 行 部：010-88417438　010-68414683（传真）
总编室兼传真：010-88417359　版权部：010-88417359

开　　本：16开（880mm×1230mm）
印　　张：20
字　　数：100千字
版　　次：2022年3月第1版　2022年3月第1次印刷
印　　刷：北京汇瑞嘉合文化发展有限公司
书　　号：ISBN 978-7-5146-1878-5
定　　价：198.00元

# Contents/目录

带我走吧！

## 工匠餐厅品牌形象

工匠餐厅是意大利一家食品速递连锁餐厅。多年来，传统的食谱、优质的食材和新鲜的食物一直是餐厅品牌的主打特色。随着餐厅发展日益成熟，他们希望重塑品牌形象，用不同的"设计语言"与顾客进行沟通。新商标的文字排版简单大方，并在名字后添加了一个冒号（：），意在表达工匠餐厅最新鲜的食材和丰美的意大利食物。外卖食品包装也采用相同的设计理念。字体的设计灵感来源于食物烹饪，并配有相应的描绘意大利主要食材的插画。这些插画看起来像是手工的绘画草稿，借此传达出餐厅特有的工匠精神。

设计师：苏珊娜·万多罗斯
国家：希腊
设计机构：2yolk 品牌设计
客户：工匠餐厅
创始管理合伙人：艾曼纽拉·维塔萨基斯
创新合作伙伴：乔治·卡雷恩尼斯
工作室经理：亚力山德拉·帕潘罗蒂
撰稿人：德斯碧娜·萨卡拉瑞迪
客户经理：斯特凡尼亚·帕潘科斯塔

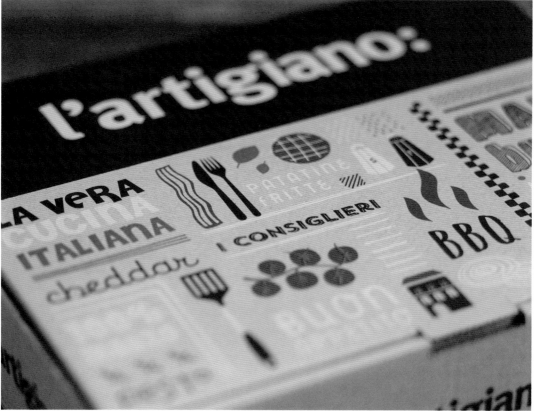

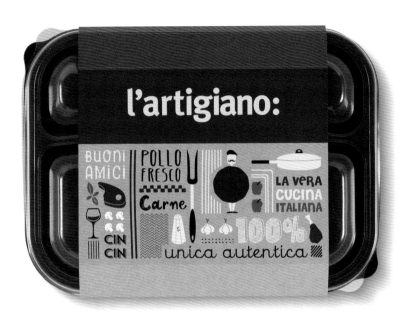

工匠餐厅品牌形象

设计师：苏珊娜·万多罗斯
国家：希腊

工匠餐厅品牌形象

设计师：苏珊娜·万多罗斯
国家：希腊

## 39/22

39/22 是希腊一家年轻的食品加工公司，主营橄榄油。39/22 是希腊的地理坐标，公司以它命名，简单直接，既指希腊，也象征着辛勤的希腊人与富饶地球的和谐关系。

品牌不同的橄榄油系列由不同的女性图像作为装饰，以强调每个橄榄品种的悠久历史。它们有几千年的历史，都是希腊传统的橄榄品种。女性装饰图像的创作灵感来源于基克拉底女性雕像、米诺斯女性雕像和古代女性雕像。在这些文明时期，女性被赋予"伟大母亲"的形象，象征着繁衍、重生和生命的延续。同时，它们也与希腊的可持续发展遥相呼应。

设计师：索菲娅·普利亚科帕诺
国家：希腊
设计机构：2yolk 品牌设计
客户：伟大故事
创新合作伙伴：乔治·卡雷恩尼斯
工作室经理：亚力山德拉·帕潘罗蒂
客户经理：斯特凡尼亚·帕潘科斯塔
撰稿人：德斯碧娜·萨卡拉瑞迪

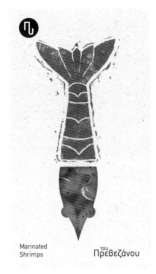

Marinated
Anchovy     Προβεζάνου

Marinated
Shrimps     Προβεζάνου

Marinated
Octopus     Προβεζάνου

## Tou Prevezanou

Tou Prevezanou 主营新鲜冷冻的鱼类和甲壳类半成品，是希腊普雷扎韦镇家族企业"爱奥尼亚海鱼"品牌旗下的新产品。2yolk 从古马斯家族悠久的渔业历史中捕捉到新产品的设计灵感，品牌的名字——Tou Prevezanou，意在强调爱奥尼亚海和安布拉基亚湾丰富的捕鱼量。安布拉基亚湾盛产美味的鲜虾，还配有先进的鱼类养殖设备，闻名全国。这里曾经是古马斯家族父辈的后院，也是纯正鱼类佳肴的诞生地。

基于这样的历史，我们决定把包装设计得简单大方、新鲜感十足，从而突出品牌特色。纸质包装盒的透明部分能让顾客看到食品，从而放心购买。纸盒上的鱼类图案采用浮雕印刷，看起来像是手工绘制的，意在彰显品牌手工制作的特点，这也是古马斯家族历代所坚持的。

设计师：康斯坦丁娜·贝纳基、托比亚斯·莫勒
国家：希腊
设计机构：2yolk 品牌设计
客户：爱奥尼亚海鱼
创始管理合伙人：艾曼纽拉·维塔萨基斯
创新合作伙伴：乔治·卡雷恩尼斯
工作室经理：亚力山德拉·帕潘罗蒂
客户经理：斯特凡尼亚·帕潘科斯塔
撰稿人：德斯碧娜·萨卡拉瑞迪

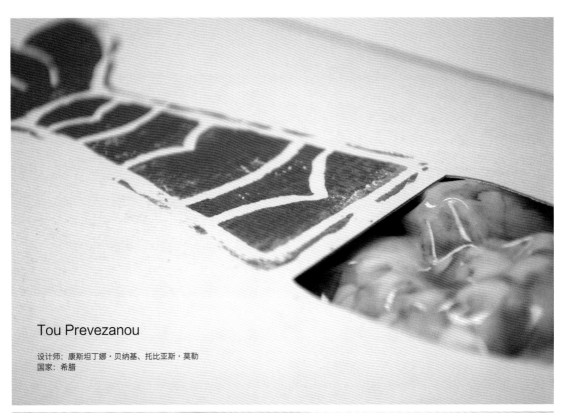

## Tou Prevezanou

设计师：康斯坦丁娜·贝纳基、托比亚斯·莫勒
国家：希腊

## SO & JO

SO & JO 是希腊传统蘸酱生产公司，其方便快捷的膳食理念在欧洲市场很快流行开来。2yolk 决定将品牌设计得独具个性，避免落入俗套。我们重新给产品命名，在设计时融入流行元素，将简单日常的蘸酱设计得别具异域风情。

品牌名字 SO & JO 是 3P 食品公司的两位创始人名字的简写，听起来像是经常搜刮我们的冰箱找食物的两位老友。包装设计选用了明亮、流行的艺术色，每种蘸酱的包装上都印有主食材的图案。鲜明的字体让品牌独具希腊风情，恰好吻合了当前的国际趋势——十足的希腊风情。

SO
&JO

meli
tzano
salata

Delicious Greek dip
with roasted aubergine, feta
cheese, garlic and mayonnaise

Net weight
200g ℮

tara
mosa
lata

Delicious Greek dip
with fish roe, potato
and lemon juice

200g ℮

设计师: 菲利普·阿弗耶里斯
国家: 希腊
设计机构: 2yolk 品牌设计
客户: 3P
创始管理合伙人: 艾曼纽拉·维塔萨基斯
创新合作伙伴: 乔治·卡雷恩尼斯
工作室经理: 亚力山德拉·帕潘罗蒂
客户经理: 斯特凡尼亚·帕潘科斯塔
插图画家: 潘吉奥蒂斯·瓦西拉托斯
撰稿人: 德斯碧娜·萨卡拉瑞迪

SO & JO

设计师：菲利普·阿弗耶里斯
国家：希腊

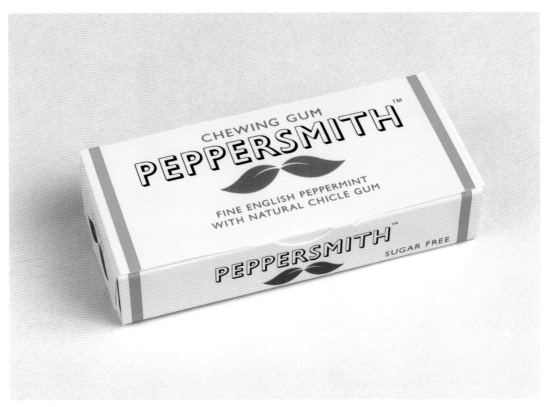

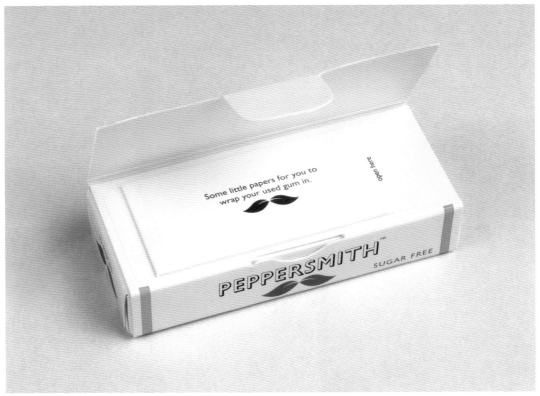

# PEPPERSMITH

PEPPERSMITH 口香糖由纯正的英国薄荷和热带雨林天然树胶制作而成，口感清新，健牙护齿。B&B 设计公司决定把品牌设计得干净简单，突出手工工艺的高级质感。设计师们首先从品牌名字入手，新名字 PEPPERSMITH 具有典型的英国风情，薄荷形状的小胡子商标图案展现了英国人的严肃认真。另外，包装盒内还装有小纸巾，方便将嚼过的口香糖包好扔掉。每个口香糖包装盒里都有不同系列的胡子英雄，可供收集娱乐。

设计机构：B&B 工作室
国家：英国

PEPPERSMITH

设计机构: B&B 工作室
国家: 英国

CHEWING GUM

PEPPERSMITH™

SICILIAN LEMON AND
FINE ENGLISH PEPPERMINT
WITH NATURAL CHICLE GUM

BRITISH DENTAL HEALTH FO

APPROVED

10 PIECES
OF SUGAR FREE
CHEWING GUM
with sweetener and
peppermint oil

PEPPERSMITH™

SUGAR F

PEPPERSMITH™

SUGAR FR

**CHAMOMILE & VANILLA**

15 BAGS · 30g NET WT 1.05oz

**LEMON & GINGER**

15 BAGS · 30g NET WT 1.05oz

**STRAWBERRY & WATERMELON**

15 BAGS · 22g NET WT 0.79oz

**CINNAMON**

15 BAGS · 33g NET WT 1.16oz

**VERY BERRY**

15 BAGS · 33g NET WT 1.16oz

**LICORICE**

15 BAGS · 30g NET WT 1.05oz

**PEPPERMINT & LICORICE**

15 BAGS · 22g NET WT 0.79oz

**GINGER KICK**

15 BAGS · 37g NET WT 1.30oz

**SWEET CHAI**

15 BAGS · 33g NET WT

**GREEN TEA**

20 BAGS · 40g NET WT 1.41oz

**GREEN TEA LEMON**

20 BAGS · 40g NET WT 1.41oz

**GREEN TEA CHAI**

20 BAGS · 40g NET WT 1.41oz

**GREEN TEA COCONUT**

20 BAGS · 40g N WT 1.4

优质生活

优质生活品牌旗下有多种产品组合，包括果茶、
红茶、绿茶和白茶等。每种产品都有鲜明的特点
和独特的内涵。B&B 工作室设计了一个卡通鸟
的商标图案，不同类型产品的卡通鸟姿态不同，
颜色各异。不同口味的包装盒上主料的插画随商
品编码的不同而形状不一。

设计机构：B&B 工作室
国家：英国

### 自然涂料

自然涂料公司位于康瓦尔郡，是英国唯一一个不含挥发性有机化合物的涂料品牌。生产低污染的装饰油漆是公司一直以来的奋斗目标。B&B 工作室负责提升该品牌的新形象，用黑色文字和白色背景表达涂料的纯净和品质。用简单的雨滴花朵图案作为商标，表达涂料的天然特性。商标底图颜色丰富，设计灵感来自康瓦尔郡美丽的花草和动物——淡褐色的茶隼鸟，以及墨蓝色的野兽！

设计机构：B&B 工作室
国家：英国

自然涂料

设计机构：B&B 工作室
国家：英国

## SUPERSEEDS

B&B 工作室把 SUPERSEEDS 品牌包装设计得性感十足。钱包大小的管状包装上配有精美的图案,独具匠心。工作室为每种产品的名字重新做了设计,
配色也更加丰富,使产品形象更具活力。

设计机构: B&B 工作室
国家: 英国

PUNCH FOODS™ SUPERSEEDS
MACA CARAMEL
An energy-boosting blend of crunchy seeds with Peruvian maca for a subtle caramel sweetness.

- 100% ORGANIC
- GLUTEN FREE
- LOW SALT
- VEGAN
- GMO FREE
- SOURCE OF PROTEIN
- HIGH FIBRE
- SOYA FREE
- DAIRY FREE

PUNCH FOODS™ SUPERSEEDS
JAPANESE TAMARI
An umami-filled mix of crunchy seeds with Japanese tamari for a rich savoury hit.

- 100% ORGANIC
- GLUTEN FREE
- VEGAN
- GMO FREE
- SOURCE OF PROTEIN
- HIGH FIBRE
- DAIRY FREE

SUPERSEEDS
MACA CARAMEL

SUPERSEEDS
JAPANESE TAMARI

SUPERSEEDS
COCONUT BROWNIE

PUNCH FOODS™
SUPERSEEDS
CINNAMON SPICE

PUNCH FOODS™
SUPERSEEDS
CHILLI SMOKE
A protein-packed blend of crunchy seeds with cayenne and smoked paprika

## Pip & Nut

受便携式小吃的启发，Pip & Nut 纯天然坚果黄油
采用了传统的罐子或即食袋包装，深受顾客喜爱。
B & B 设计团队勇敢挑战，设计出大胆创新、充满
魅力的品牌形象。包装盒上的松鼠尾巴弯曲成字母
P 的形状，恰好是商品名称 Pip & Nut 的首字母——
这堪称十分成功的设计。松鼠给人以欢快的感觉，
再加上精妙的手绘画，形成了直观、简单的产品形
像，象征着纯天然、无添加的食材和产品。

设计机构：B&B 工作室
国家：英国

## 魔鬼朗姆酒

魔鬼朗姆酒是由上等的牙买加朗姆酒和巴巴多斯朗姆酒混调而成，名字灵感来自加勒比的民间传说——相传魔鬼（逝者的灵魂）每年都会偷走人间最好的那桶朗姆酒。B&B 设计公司的挑战在于，既要抓住这一黑暗传说灵感，又要表达出积极向上的品牌精神。所以他们用黑夜和白天做对比，既设计出了阳光明媚的加勒比海岸，也展现了夜幕降临后的活动。

设计机构：B&B 工作室
国家：英国

# SLAMSEYS

SLAMSEY 农场的朋友们每年都会从自己耕种的田地中挑选水果酿造杜松子酒。1627 年著名的自然学家约翰·雷出生在这里，由此 B & B 为品牌打造了一系列标签，包括复杂的昆虫插图——当地植物和动物群的细致编目。设计展示了 SLAMSEY 农场精细的生产工艺。品牌的整体设计是乡村田园风格，同时也不乏时尚感，足以与最好的酒吧相媲美。

设计机构：B&B 工作室
国家：英国

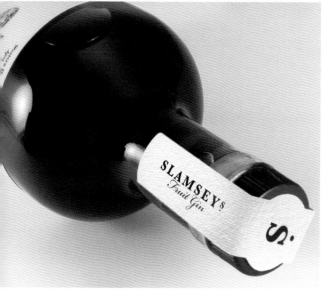

SLAMSEYS

设计机构：B&B 工作室
国家：英国

## 昼与夜

二元性元素在昼与夜品牌中随处可见。白天是餐厅，晚上是酒吧——顺应了自然的规律。葡萄酒、威士忌、啤酒、玻璃水瓶、巧克力罐、意大利面条、外卖包装上都体现出了这种二元性。昼与夜像是山脊的两侧，给人以对比感。包装上的动物插画用两种不同的绘画方式精细展现出了这种对比感——白天是动物本身，晚上即变成夜空中的星座。商标灵感来自地球的自转，代表着昼与夜的变化。

设计师：斯蒂芬·阿扎里扬、丽丽特·阿萨良
国家：亚美尼亚
设计机构：骨干品牌（Backbone Branding）
艺术总监：斯蒂芬·阿扎里扬
插图画家：阿娜希特·马尔加良
摄影：骨干品牌

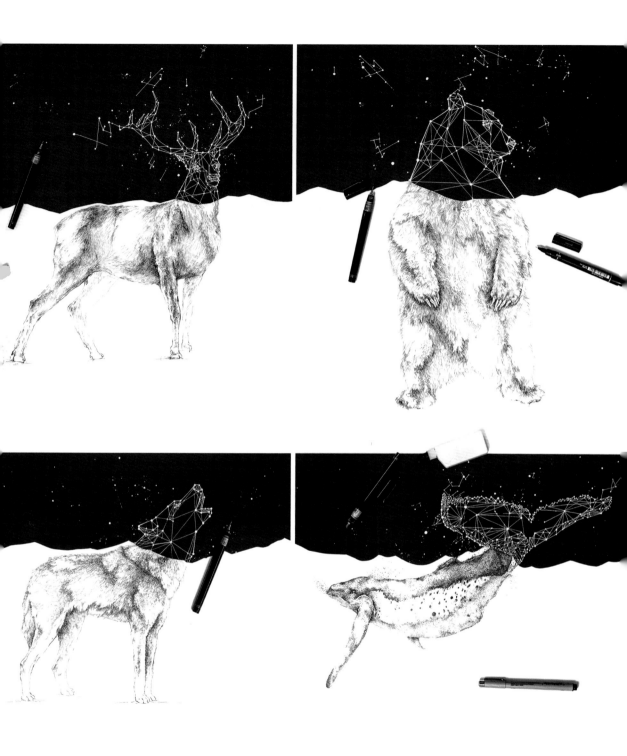

昼与夜

设计师：斯蒂芬·阿扎里扬、丽丽特·阿萨良
国家：亚美尼亚

# 昼与夜

设计师：斯蒂芬·阿扎里扬、丽丽特·阿萨良
国家：亚美尼亚

昼与夜

设计师：斯蒂芬·阿扎里扬、丽丽特·阿萨良
国家：亚美尼亚

espresso
cappuccino
late
americano
mocha
hot chocolate
extra shot

DAY &
NIGHT
coffee

昼与夜

设计师：斯蒂芬·阿扎里扬、丽丽特·阿萨良
国家：亚美尼亚

# 高文表情

高文品牌推出之后，获得广大消费者认可，取得了巨大的成功。高文品牌没有沉迷现状，而是勇攀高峰，开始对品牌进行宣传包装。他们选用一次性纸杯进行包装设计，对产品进行推广。设计师根据咖啡店的风格设计了四种不同的人物，如果顾客拿到一杯带有笑脸的纸杯咖啡，就会获得无穷的正能量。纸杯设计的有趣之处就在于，通过旋转纸杯内壁，可以搭配出不同的表情。杯子内壁印有三种情绪，眼睛和嘴巴的表情各不相同。如果把内壁的一种表情旋转到外壁中间，使之搭配起来，就能看到不同的表情。这种纸杯会吸引更多的消费者购买咖啡，并能传递出品牌的核心价值——我们不仅售卖咖啡，更能为顾客提供一整天的活力和正能量。

设计师：凯伦·格沃尔加尼
国家：亚美尼亚
设计机构：骨干品牌
艺术总监：斯蒂芬·阿扎里扬
客户：阿图尔·丹尼扬
插图画家：纳莱恩·曼维连
摄影：骨干品牌

高文表情

设计师：凯伦·格沃尔加尼
国家：亚美尼亚

## MØS 餐厅 智能 & 舒适

**MØS** 是莫斯科的北欧风格餐厅，提供斯堪的纳维亚美食，餐厅充满着当地的传统和哲学。在设计之前，设计师已经深入了解了这一哲学，并将其实质运用到了 **MØS** 品牌当中。

北欧的风格特点是天然——比如健康的食物、轻松舒适的室内装修和健康的生活方式。餐厅的品牌形象也是由自然元素构成。对于北欧风格，我们最熟悉的就是极简主义，没有多余的修饰。在设计中，通过使用线条和简单元素等图案的自由组合，突显出品牌的自然风格。用最简单的方式对它们进行组合，最大限度展现简单设计。从设计技术上来看，我们使这些元素灵活多变，每个元素既相互独立，又能整体构成图案。

**MØS** 餐厅拥有独特的北欧风格。对于那些崇尚自然、乐享健康生活的人来说，**MØS** 餐厅是最佳的选择。

设计师：克里斯蒂娜·赫卢希扬、斯蒂芬·阿扎里扬
国家：亚美尼亚
设计机构：骨干品牌
艺术总监：斯蒂芬·阿扎里扬
客户：北欧风情
摄影：骨干品牌

MØS 餐厅 智能 & 舒适

设计师：克里斯蒂娜·赫卢希扬、斯蒂芬·阿扎里扬
国家：亚美尼亚

MØS 餐厅 智能 & 舒适

设计师：克里斯蒂娜·赫卢希扬、斯蒂芬·阿扎里扬
国家：亚美尼亚

MØS 餐厅 智能 & 舒适

设计师: 克里斯蒂娜·赫卢希扬、斯蒂芬·阿扎里扬
国家: 亚美尼亚

MØS 餐厅 智能 & 舒适

设计师：克里斯蒂娜·赫卢希扬、斯蒂芬·阿扎里扬
国家：亚美尼亚

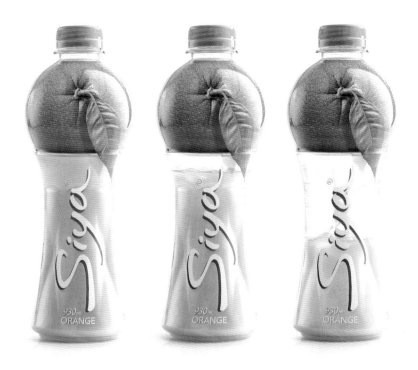

## Siya

你盯着 Siya 的瓶子看到了什么？
果汁里有整个水果，清清楚楚！
为了体现 Siya 品牌的本质，设计师采用了一种简单的方法——水果就真真切切地在你的果汁里。把一个真实的水果放在果汁瓶上面，看上去非常有意思。这种设计让人印象深刻，生动展现出果汁的自然新鲜。

设计师：斯蒂芬·阿扎里扬
国家：亚美尼亚
设计机构：骨干品牌
客户：SIS 自然
摄影：海曼·曼维利扬、骨干品牌

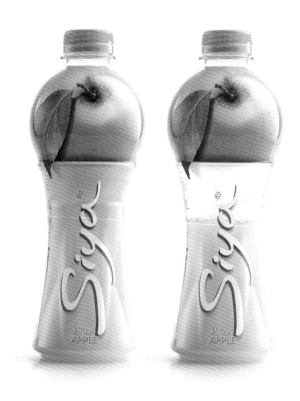

# Siya

设计师：斯蒂芬·阿扎里扬
国家：亚美尼亚

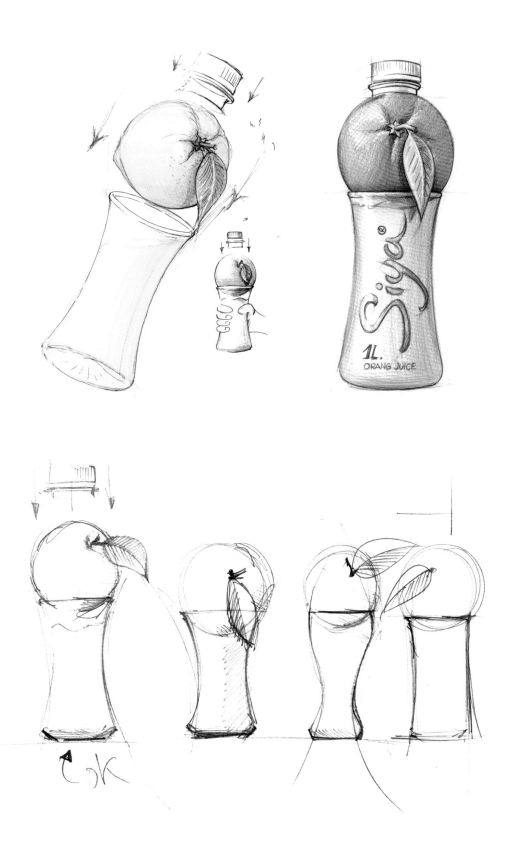

Siya

设计师：斯蒂芬·阿扎里扬
国家：亚美尼亚

## 新鲜压榨果汁

互动性已成为当今市场强大的竞争优势。"压榨"果汁杯的包装就是基于互动、沟通的理念设计而成。标签的设计简单而又灵活,可以随时调动。新鲜压榨果汁品牌能给予你无限的能量和创意。

设计师:斯蒂芬·阿扎里扬
国家:亚美尼亚
设计机构:骨干品牌
摄影:骨干品牌

SQUEEZE & FRESH

73

## 鱼木屋

我们的工作标准之一就是使我们设计的作品既有美感，又能展示产品的核心价值。鱼木屋的海鲜饮食文化通过一个个小故事得以展现。鱼木屋的意思是海边捕鱼人住的小木屋，我们把商标设计成木屋的样子，十分切合品牌主题。

品牌的创始人是一位渔夫，为顾客提供各式各样的地道美味海鲜。餐厅店面不大，因为渔夫的收入有限，支付不起昂贵的设计费用，所以他选择使用了简单的工具来打造餐厅品牌，这从设计的材料中就能看出来。鱼形的雕刻印刷模板都源自他平时捕捞的海鱼，字体和插画也是他自己设计的。我们通过设计弯曲的碎片和色彩的变化来展现品牌活力。品牌包装由两部分组成——商标是荧光黑色，以突出质感，象征着夜晚的大海；还有蓝色和红色插画，象征着深海和美味的海鲜。品牌形象的每个元素都透露出餐厅的海洋氛围，洋溢着美味海鲜的美食情调。

设计师：克里斯蒂娜·赫卢希扬、斯蒂芬·阿扎里扬、丽丽特·阿萨良
国家：亚美尼亚
设计机构：骨干品牌
艺术总监：斯蒂芬·阿扎里扬
客户：兄弟联盟公司
摄影：骨干品牌

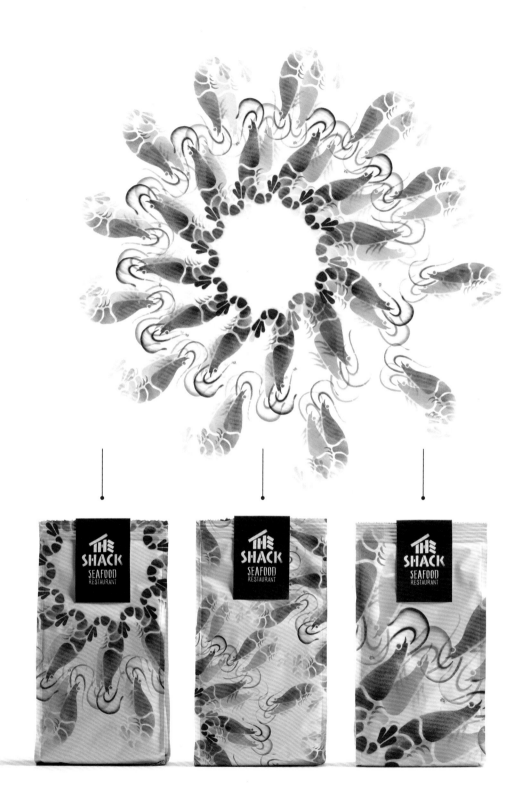

鱼木屋

设计机构：骨干品牌
国家：亚美尼亚

鱼木屋

设计机构：骨干品牌
国家：亚美尼亚

鱼木屋

设计机构：骨干品牌
国家：亚美尼亚

鱼木屋

设计机构：骨干品牌
国家：亚美尼亚

## ROLLS AND BURGERS

### THE SHACK ROLL 6 INCH
Zesty Chunks of Lobster Prawns and Crabmeat drizzled with Maya Shack Sauce and served up on bun a sided with salad and veggies Crisp

### TURF LOBSTER

MENU

鱼木屋

设计机构：骨干品牌
国家：亚美尼亚

## 街角的那家小店——咖啡花草茶铁盒包装设计

这是猫的天空之城（Momicafe）用来盛放咖啡和茶叶的包装。我内心的无限渴望促使我完成了这次设计，它贴近心灵，让人印象深刻。灵感的迸发需要平时不断观察和累积经验，而不是在漫漫思考中诞生；它来源于现实生活。好的灵感常常是在无目的的追求过程中闪现出来的。

当你穿过嘈杂的街道时，可能会在拐角处看到一个宁静舒适的商店。它可能是杂货店、咖啡店或花店。但无论如何，它必会给你带来惊喜。基于这样的经验，我也期望发现这样一家令人惊喜的小店，为每个人提供驻足休憩的空间。因此，把这种灵感用于咖啡和饮茶小店的包装设计再合适不过了，轻便舒适，宁静美好——符合品牌的形象。

设计师：毕蕾
国家：中国
客户："猫的天空之城"概念书店

# 街角的那家小店——咖啡花草茶铁盒包装设计

设计师: 毕蕾
国家: 中国

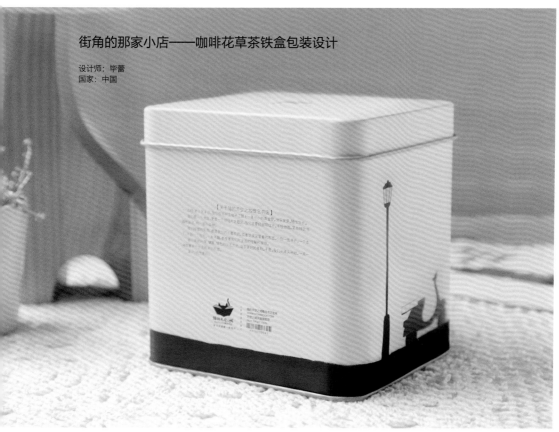

街角的那家小店——咖啡花草茶铁盒包装设计

设计师：毕蕾
国家：中国

街角的那家小店——咖啡花草茶铁盒包装设计

设计师: 毕蕾
国家: 中国

## 你依然很爱那场梦——茶书包装设计

我爱茶，爱茶的味道，还有它所能带来的回忆。
因此，对于这次设计，我有着特殊的情感。
因是西式茶的缘故，想着用童话来诠释再合适不过。
对于有些事情，我们不能太过悲伤消沉，也不能太孩子气。
我们挑选的主题有"海的女儿"、"爱丽丝梦游仙境"和"彼得·潘"。
这些耳熟能详的名字，换个方式再读读，也许你能找到属于自己的味道。

设计师：毕蕾
国家：中国
客户："猫的天空之城"概念书店

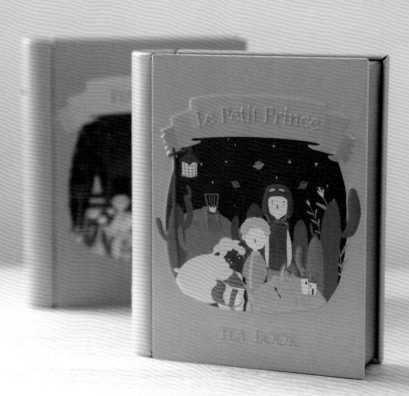

你依然很爱那场梦——茶书包装设计

设计师：毕蕾
国家：中国

Peter Pan

TEA BOOK

Le Petit Prince

TEA BOOK

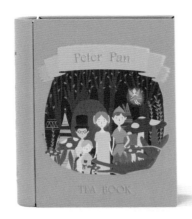

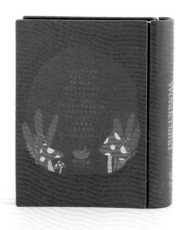

你依然很爱那场梦——茶书包装设计

设计师：毕蕾
国家：中国

你依然很爱那场梦——茶书包装设计

设计师：毕蕾
国家：中国

## 你依然很爱那场梦——茶书包装设计

设计师：毕蕾
国家：中国

## 梅塞尔葡萄酒标签设计

奥地利品牌梅塞尔葡萄酒的标签设计。

设计师：安妮·斯蒂尔、蒂姆·希普曼
国家：德国
设计机构：DAC 设计
创意总监：蒂姆·希普曼
设计总监：安妮，斯蒂尔
客户：奥地利梅塞尔酒庄（下奥地利州威非尔特葡萄酒产区）
摄影：蒂姆·希普曼

梅塞尔葡萄酒标签设计

设计师：安妮·斯蒂尔、蒂姆·希普曼
国家：德国

梅塞尔葡萄酒标签设计

设计师：安妮·斯蒂尔，蒂姆·希普曼
国家：德国

MESSERER

GRÜNER VELTLINER

1 l

| Weinland - Österreich | | 13% vol |
|---|---|---|
| | | trocken |
| Erzeugerabfüllung | Österreichischer Landwein | L 3 |
| Weinbau Petra Messerer | T 0043.676.6404068 | Grüner Veltliner |
| A-2212 Gr. Engersdorf | petra@messerer.or.at | |
| Hauptstrasse 58 | www.messerer.or.at | Enthält Sulfite. Enthält Kasein. |

MESSERER

WELSCHRIESLING SPÄTLESE

0,75 l

| Niederösterreich | | 13,0% vol |
|---|---|---|
| | | trocken |
| Erzeugerabfüllung | Österreichischer Prädikatswein | L P158/16 |
| Weinbau Petra Messerer | T 0043.676.6404068 | Welschriesling Spätlese 2015 |
| A-2212 Gr. Engersdorf | petra@messerer.or.at | |
| Hauptstrasse 58 | www.messerer.or.at | Enthält Sulfite. Enthält Kasein. |

MESSERER

ZWEIGELT

1 l

| Weinland - Österreich | | 13,5% vol |
|---|---|---|
| | | trocken |
| Erzeugerabfüllung | Österreichischer Landwein | L 4 |
| Weinbau Petra Messerer | T 0043.676.6404068 | Zweigelt |
| A-2212 Gr. Engersdorf | petra@messerer.or.at | |
| Hauptstrasse 58 | www.messerer.or.at | Enthält Sulfite. Enthält Kasein. |

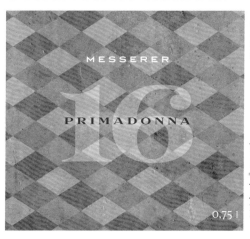

MESSERER

PRIMADONNA

0,75 l

| Weinland - Österreich | | 12,0% vol |
|---|---|---|
| | | trocken |
| Erzeugerabfüllung | Österreichischer Landwein | L11/16 |
| Weinbau Petra Messerer | T 0043.676.6404068 | Grüner Veltliner |
| A-2212 Gr. Engersdorf | petra@messerer.or.at | |
| Hauptstrasse 58 | www.messerer.or.at | Enthält Sulfite. Enthält Kasein. |

· FINE NATURE PRODUCTS · WWW.DACTARI.DE ·

DACTARI

EST. 2013

## DACTARI——自然优质产品

DACTARI 品牌注重品质和自然，旗下有精挑细选的生产商。产品使用的瓶子、罐子等包装均用特殊材料制成，绿色环保，可回收利用。商标中人物的灵感大部分来自 19 世纪法国插画中的故事。我们选出一些合适的插画，进行了修改和编辑，使之更符合品牌形象。精密的印刷和完美的配色，使包装更加优美。

设计师：安妮·斯蒂尔、蒂姆·希普曼
国家：德国
设计机构：DAC 设计
创意总监：蒂姆·希普曼
设计总监：安妮·斯蒂尔
客户：Own 项目
摄影：蒂姆·希普曼

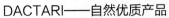

## DACTARI——自然优质产品

设计师：安妮·斯蒂尔、蒂姆·希普曼
国家：德国

DACTARI——自然优质产品

设计师：安妮·斯蒂尔、蒂姆·希普曼
国家：德国

DACTARI——自然优质产品

设计师：安妮·斯蒂尔、蒂姆·希普曼
国家：德国

## 莫纳尔酒庄干白葡萄酒

我一共设计了九种干白葡萄酒的印刷标签。瓶身标签底图的图案是由小字母组合成的，这些字母是每个酒品名称的首字母。这样会使品牌的辨识度更高，印象更加深刻。例如，字母 k 代表小公主白葡萄 (Királyleányka)，字母 g 代表杰内罗萨白葡萄 (Generosa)，t 代表特拉米尼白葡萄 (Tramini)。在色彩选择上，我使用了与葡萄酒相匹配的颜色，或是可以代指葡萄酒的颜色，例如灰皮诺 (Szürkebarát) 葡萄酒，我会选择使用灰色。法国葡萄酒使用了法国国旗的颜色，意大利葡萄酒使用了意大利传统的三个颜色。

设计师：费伦茨·迪克
国家：匈牙利
客户：莫纳尔酒庄

# 莫纳尔酒庄干白葡萄酒

设计师：费伦茨·迪克
国家：匈牙利

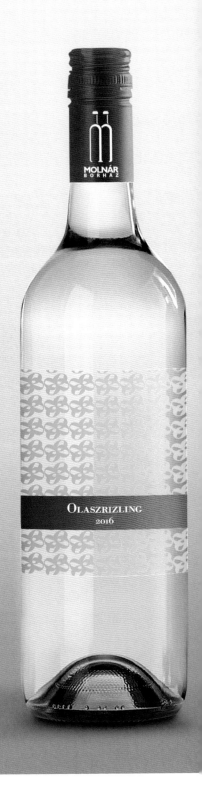

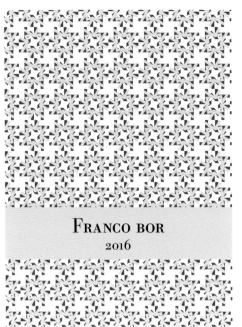

FRANCO BOR

2016

Oltalom alatt álló eredet
megjelölésű, száraz fehérbor /
Protected Designation of Origin
Dry white wine.
Termelte és palackozta /
Produced and bottled by :
Molnár Borház Kft. H-8060 Mór,
Csókakői út 1. Magyarország,
H-0543. Magyar termék /
Product of Hungary, Szulfitokat
tartalmaz / Contains Suplhites,
NÉBIH: ABCD

www.molnarborhaz.hu

FRANCO BOR

Alk. %
**12,00**
vol.
**750 ml**

MOLNÁR
B O R H Á Z

KIRÁLYLEÁNYKA $\longrightarrow$ *k* $\longrightarrow$ 

GENEROSA $\longrightarrow$ *g* $\longrightarrow$ 

CSERSZEGI FŰSZERES $\longrightarrow$ *cs* $\longrightarrow$ 

莫纳尔酒庄干白葡萄酒

设计师：费伦茨·迪克
国家：匈牙利

| Ezerjó | → | *e* | → | |
| Tramini | → | *t* | → | |
| Sauvignon Blanc | → | *s* | → | |

| Rajnai rizling | → | *r* | → | |
| Olaszrizling | → | *o* | → | |
| Szürkebarát | → | *sz* | → | |

**糖浆果露**

字体设计简单可爱，具有书法禅宗风格。我们在设计包装时围绕的核心就是——快乐的浆果。不同口味的浆果有其独特的风格，蕴藏着不同的情感。我们设计的包装美观大方，风格简约，只显示浆果的图案和名字——清晰、简单、友好。

设计师：阿蒂姆·戈彻科弗
国家：俄罗斯
客户：阿斯特拉食品

糖浆果露

设计师：阿蒂姆·戈彻科弗
国家：俄罗斯

## 工艺酒精饮料

ad once 公司工艺酒精饮料包装设计。

饮料选用新鲜果蔬加工而成，有家一般的味道。包装设计具有诗歌般的禅宗风格。这个假日怎么过？——满屋的朋友和我们的饮料。太棒了！

设计师：阿蒂姆·戈彻科弗
国家：俄罗斯
客户：ad once 莫斯科创意机构

## Opre'

Opre' 是天然干型苹果酒品牌，由兄弟两人创立，在亲朋好友的资助下发展起来。品牌首创于 2014 年，那时苹果酒在斯洛伐克还不是很流行。兄弟俩环游世界，品尝了许多美味的苹果酒，而且他们拥有像化学家海森堡那样的化学知识和建构材料，因此他们决定放手一搏，大干一场。品牌融入了当地元素，取代了平时进口的巴氏灭菌含糖饮料，成为当地家喻户晓的品牌。EETER 设计公司为品牌设计了视觉形象和包装造型。详尽的手绘插图如实地叙述了苹果酒制作者们的辛勤努力和工匠精神。瓶盖上有一圈螺纹，方便开瓶，不再需要开瓶器。

"Hoppy" 是公司开发的干型苹果酒。在苹果酒中注入啤酒花，味道独特。该产品发展成熟，推动着苹果酒制造产业的不断创新。单从名字 "干型苹果酒" 这几个字中，顾客体会不出更多的信息。因此，我们试图寻找其他的方式来传达出品牌的故事。我们从 20 世纪 90 年代捷克斯洛伐克的漫画和苏联探险队的光荣事迹中获得灵感，为品牌创造了两个可爱的探险家——Hop 和 Py，它们就是苹果酒领域的探险家。

设计师：塔内尔·奥古斯特·林德
设计机构：EETER 公司
国家：爱沙尼亚
艺术总监：塔内尔·奥古斯特·林德
插图画家：凯特·古萨波格
客户：Opre' 苹果酒
摄影：Mehehe 工作室

Opre'

设计师：塔内尔·奥古斯特·林德
国家：爱沙尼亚

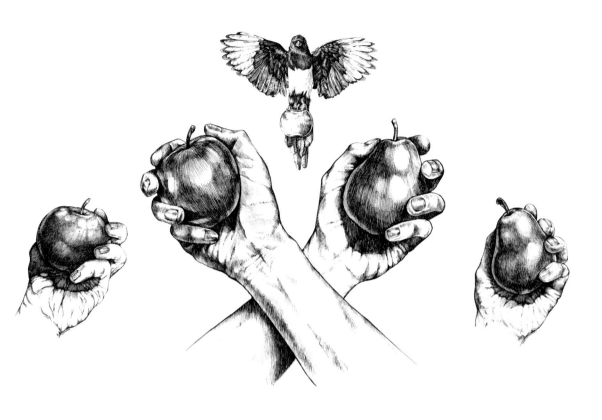

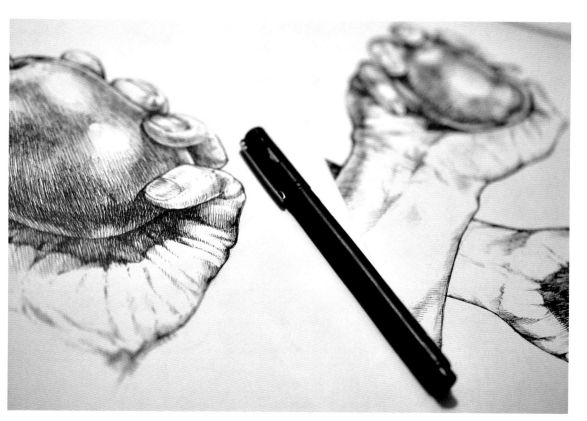

## Opre'

设计师：塔内尔·奥古斯特·林德
国家：爱沙尼亚

## zee
HONEY GOODS

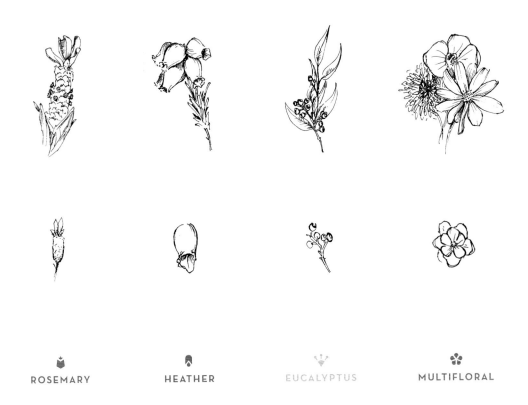

ROSEMARY　　　HEATHER　　　EUCALYPTUS　　　MULTIFLORAL

### zee 蜂蜜

良好的品牌沟通战略，比如名字、商标、图形和包装，可以使品牌形象更加鲜明，更能突显品牌价值。特殊的包装形状能使产品脱颖而出，清晰展现品牌的个性。 通过简单的美学设计，突出展示主要信息，使顾客印象深刻。包装材料半透明，具有视觉美感，打造出具有独特个性的品牌形象。

设计师：卡塔琳娜·科雷亚
国家：葡萄牙
设计机构：Gen 设计工作室
创意总监：李安度·维罗索
客户：zee 蜂蜜
摄影：拉斐尔·莱莫斯、迪奥戈·罗

# zee 蜂蜜

设计师：卡塔琳娜·科雷亚
国家：葡萄牙

139

zee 蜂蜜

设计师: 卡塔琳娜 · 科雷亚
国家: 葡萄牙

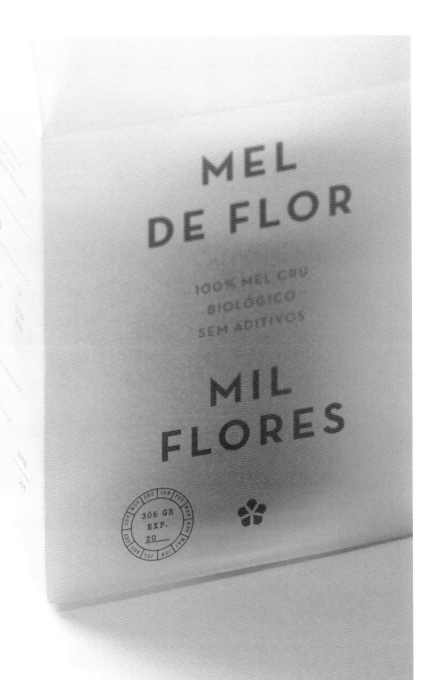

MEL
DE FLOR

100% MEL CRU
BIOLÓGICO
SEM ADITIVOS

MIL
FLORES

306 GR
EXP.
20

zee 蜂蜜

设计师：卡塔琳娜·科雷亚
国家：葡萄牙

O tipo de planta e a sua localização influenciam a
consistência e cor do mel.

Possui propriedades digestivas, analgésicas,
anti-inflamatórias, anti-microbianas e antisséticas.
A acentuação destas características depende do
tipo de mel.

MEL
## ROSMANINHO

○ ◌ ○

SABOR           CONSISTÊNCIA        COR
Muito doce      Translucida         Clara
                                    Dourada

RECOMENDADO
Dietas isentas de açúcar (sacarose). Estudos
revelam propriedades anticancerígenas.

NOTA
Adoçante natural muito doce devido a elevada
concentração de frutos.

Fabricado em Portugal.                 LOTE
www.zee-honeygoods.pt                  LOT

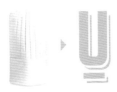 

### LEGURMÊ 蔬菜酱

LEGURMÊ 是一个开胃美食品牌。 品牌名由葡萄牙语"蔬菜"和"美食"两个词合成而来，蕴含烹饪艺术的文化理念。"Puro Sabor"的意思是纯粹的味道。这个现代手工品牌的目标人群定位在年轻消费者，他们喜欢便捷、高品质的产品。不同口味的开胃菜，包装颜色不同，形成了和谐美观的品牌系统。

设计师：爱德华多·安德拉德
国家：巴西
设计机构：HED 品牌设计公司

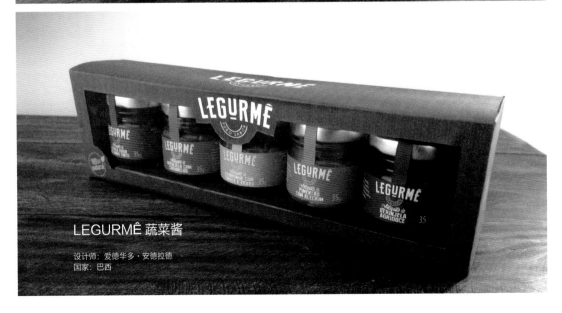

LEGURMÊ 蔬菜酱

设计师：爱德华多·安德拉德
国家：巴西

## LEGURMÊ 蔬菜酱

设计师：爱德华多·安德拉德
国家：巴西

# LEGURMÊ 蔬菜酱

设计师: 爱德华多·安德拉德
国家: 巴西

# LEGURMÊ 蔬菜酱

设计师：爱德华多·安德拉德
国家：巴西

LEGURMÊ 蔬菜酱

设计师：爱德华多·安德拉德
国家：巴西

WHITE POPPY SEEDS
DISTRIBUTED BY HOUSE OF SPICES INC

NET WT.
3 oz (85g)

LAXMI.

ANARDANA GROUND
DISTRIBUTED BY HOUSE OF SPICES INC

NET WT.
3 oz (85g)

LAXMI.

TURMERIC POWDER
DISTRIBUTED BY HOUSE OF SPICES INC

NET WT.
3 oz (85g)

LAXMI.

INDIAN RICE RECIPES

LAXMI.

PONNI
RICE

100% ORGANIC
RAW NATURAL
VEGETARIAN

## 拉克希米品牌包装

拉克希米是印度的一家杂货公司，提供高品质的印度香料。新设计的品牌形象大大提升了烹饪和感官体验，彰显出了品牌的女性气质。拉克希米致力于把印度美食传播到世界各地，开启正宗的印度美食之旅。

设计师：张尤娜
国家：美国
设计机构：艺术中心设计学院
设计总监：尼亚·博里斯奇斯
摄影：杰森·韦尔

## 果酱包装

这是为餐厅做的果酱的系列包装。一年十二个月中，每月对应一种水果的果酱，依照中药理论制作的果酱对人的健康大有好处。所以，在包装设计上，我们使用了传统书法、宣纸和印章等元素，使之充满中国传统文化色彩。

设计师：郝鹏
国家：中国
客户：云杉餐厅
摄影：郝鹏

果酱包装

设计师：郝鹏
国家：中国

## 年历

这本关于水果的年历，每个月介绍一种水果及其功效。手绘的风格增加了趣味性。

设计师：郝鹏、霍宇轩
国家：中国
客户：云杉餐厅
摄影：郝鹏

## 天津传统糕点礼盒包装

这是一个关于中国传统食品的系列包装——天津传统食品礼盒包装。春节的时候，天津每个家庭都会买"八大件"点心送给老人或者亲戚朋友。我们针对这个传统习俗，在产品形象和包装上重新进行了思考。

设计师：郝鹏、霍宇轩
国家：中国
设计机构：神兽堂（天津）风土文化传播工作室
创意总监：郝鹏
艺术总监：霍宇轩
客户：云杉餐厅
摄影：郝鹏

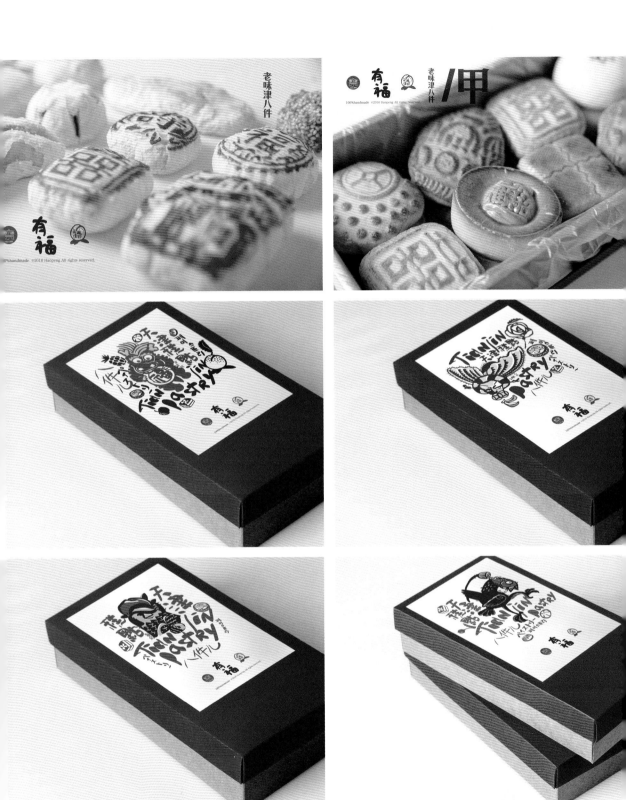

天津传统糕点礼盒包装

设计师：郝鹏、霍宇轩
国家：中国

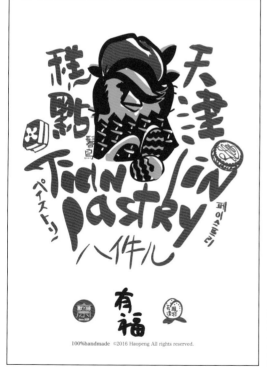

## 丰茶包装设计

包装图案采用了描绘中国台湾台东鹿野和花莲大禹岭的插画形式，展现出丰茶生长在不同纬度的四种茶的口味，并由此合成一幅台湾最美丽的自然风景，成为佐茶的极佳搭配。

设计师：倪嘉隆
国家：中国
客户：亚洲乐趣艺术
摄影：贺美西摄影工作室

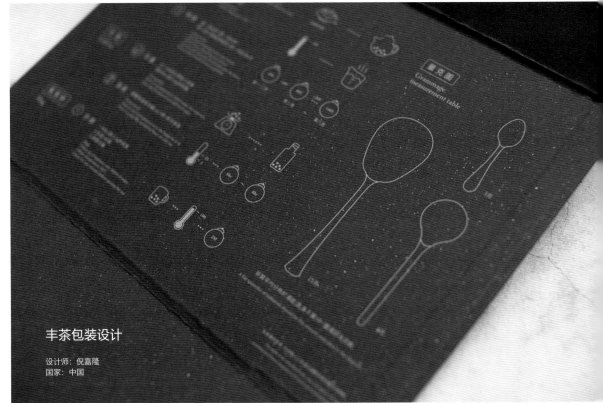

丰茶包装设计

设计师：倪嘉隆
国家：中国

丰茶包装设计

设计师: 倪嘉隆
国家: 中国

丰茶包装设计

设计师：倪嘉隆
国家：中国

172

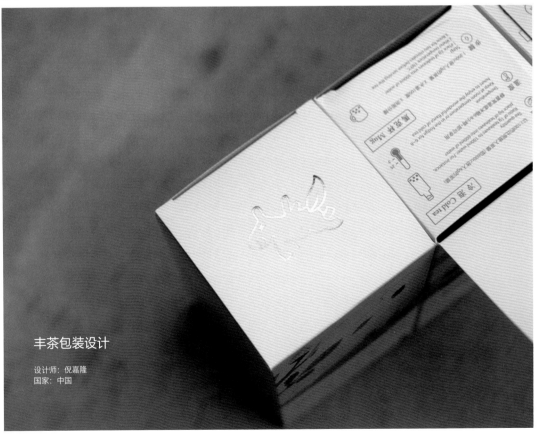

丰茶包装设计

设计师: 倪嘉隆
国家: 中国

Green Tip Oolong Tea
清韻烏龍

Luye Taitung Taiwan
台灣台東鹿野

TAIWAN CHAMPION TEA 台灣冠軍茶 陳錦琇·女兒

Jinxuan Oolong Tea
金萱烏龍

Luye Taitung Taiwan
台灣台東鹿野

TAIWAN CHAMPION TEA 台灣冠軍茶 陳錦琇·女兒

Honey Flavor
Oolong Tea
蜜香烏龍

Luye Taitung Taiwan
台灣台東鹿野

TAIWAN CHAMPION TEA 台灣冠軍茶 陳錦琇·女兒

Scarlet Oolong Tea
緋冠烏龍

Dayuling Hualien Taiwan
台灣花蓮大禹嶺

TAIWAN CHAMPION TEA 台灣冠軍茶 陳錦琇·女兒

## Honey Flavor Oolong Tea

蜜 香 鳥 龍

Luye Taitung Taiwan
台灣台東鹿野

TAIWAN CHAMPION TEA 台灣茶王 陳錫卿 手作

## Scarlet Oolong Tea

緋 紅 鳥 龍

Dayuling Hualien Taiwan
台灣花蓮大禹嶺

TAIWAN CHAMPION TEA 台灣茶王 陳錫卿 手作

丰茶包装设计

设计师：倪嘉隆
国家：中国

丰茶包装设计

设计师：倪嘉隆
国家：中国

Green Tip Oolo

清新烏龍　　台灣台東
　　　　　　　Luye Tai

Fong Cha

Red Oolong Tea

紅烏龍　台灣台東鹿野
　　　　Luye Taitung Taiwan

Fong Cha

丰茶包装设计

设计师：倪嘉隆
国家：中国

丰茶包装设计

设计师：倪蓋隆
国家：中国

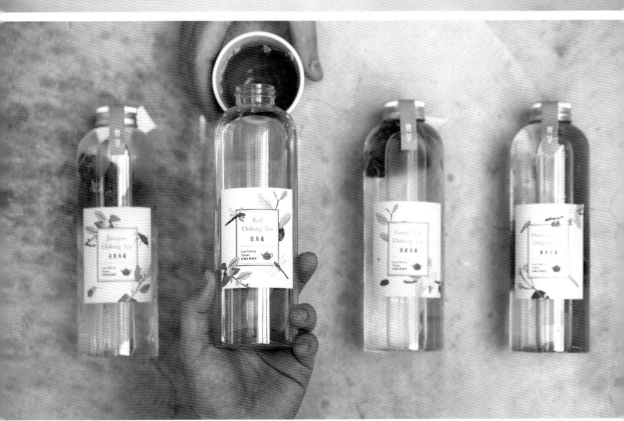

# 丰茶包装设计

设计师：倪嘉隆
国家：中国

## 好酒不见

标签的简约插画都围绕着"好久不见"这一主题。通过标签插画中的趣味故事，能最大限度展现品牌主题。

设计师：倪嘉隆
国家：中国
客户：好酒不见
摄影：贺美西摄影工作室

好酒不见

设计师：倪嘉隆
国家：中国

好酒不见

设计师：倪嘉隆
国家：中国

好酒不见

设计师：倪嘉隆
国家：中国

193

NO WINE NO SEE

好酒不见

设计师: 倪嘉隆
国家: 中国

好酒不见

设计师：倪嘉隆
国家：中国

好酒不见

设计师：倪嘉隆
国家：中国

# DOSE

我们需要为功能饮料打造良好的品牌形象，其中包括两种瓶装设计、品牌名字、文具和广告宣传材料设计。我们用六种不同的颜色、图案等来区分六种不同的饮料口味。我设计的这种饮料含有维生素和矿物微量元素，因此，我选用了干净的颜色来表示健康。希望通过这样的设计，清晨睡醒时人们乐意选择这种健康的饮料，它就像是不含咖啡因的咖啡，也能让人精神抖擞。

设计师：诺拉·柯赞伊
国家：匈牙利
顾问：塔马斯·马塞尔
客户：莫霍利·纳吉艺术与设计大学
摄影：萨拉·斯萨特马里

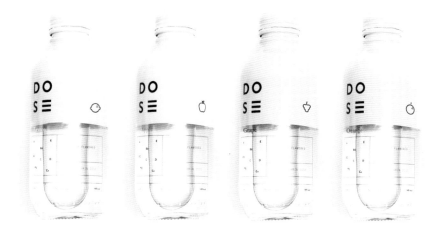

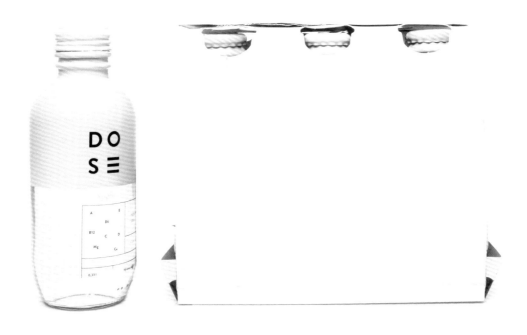

## DOSE

设计师: 诺拉·柯赞伊
国家: 匈牙利

八德屋玄米乳

此包装设计是"USIO 设计项目"中的一部分，围绕日本冲绳南部石垣岛的文化和生活这一主题展开设计。我负责此次的包装设计和商标设计，希望能向世界宣传石垣岛美丽的自然风景、独特的文化和热情好客的居民。通过这次的品牌提升和包装设计，石垣岛的迷人魅力将展示给全世界。

设计师：本田淳
国家：日本
设计机构：sekilala 设计工作室
创意总监：肖马·特雷
设计总监：本田淳
客户：八德屋玄米乳

八德屋玄米乳

设计师：本田淳
国家：日本

桑名小麦

面粉包装选择了纸袋，开口处贴有密封条，上面的文字可以显示品种类别。每个品种的包装纸袋颜色亦不同。品牌商标用轮廓线绘制而成，简约干净。

设计师：本田淳
国家：日本
设计机构： sekilala 设计工作室
创意总监：克米·艾希加米（graphika 公司）
设计总监：本田淳
客户：安田公司

桑名小麦

设计师：本田淳
国家：日本

七彩納豆

七つの豆でつくりました

国産豆の恵み

大豆（三重県産）、黒大豆（北海道産）、うずら豆（北海道産）、大福豆（北海道産）、青大豆（秋田県産）、赤大豆（島根県産）、えんどう豆（北海道産）

七彩纳豆

商品名称的设计很好地反映了品牌形象。包装设计简单，采用纸质包装，干净简洁。

设计师：本田淳
国家：日本
设计机构：sekilala 设计工作室
创意总监：克米·艾希加米（graphika 公司）
设计总监：本田淳
客户：小杉食品公司

七彩納豆

NANASAI NATTO natto

国産の大豆

七つの豆をつくりました

カラフル納豆 2016限定 ver.

213

### 长命草

我们对品牌的包装进行了重新设计，统一改成彩纸包装，简单干净，美观实用。

设计师：本田淳
国家：日本
设计机构：sekilala 设计工作室
设计总监：本田淳
客户：大泊食品

**加泰罗尼亚风味**

我们为加泰罗尼亚最好的美食进行包装设计。对美食爱好者来说，该品牌的美食不可错过。

设计师：杰玛·特罗尔
国家：西班牙
设计机构：寓所间
客户：埃斯诺斯特

加泰罗尼亚风味

设计师：杰玛·特罗尔
国家：西班牙

### 时光

这是我们为西班牙拉里奥哈培育者酒庄生产的有机葡萄酒进行的包装和插图设计。

设计师: 杰玛·特罗尔
国家: 西班牙
设计机构: 寓所间
客户: 培育者酒庄

# 时光

设计师: 杰玛·特罗尔
国家: 西班牙

224

## 为好天气干杯

这是为禾富玛莎品牌春季特别版参展商品设计的包装和海报。
我们把插画设计成万花筒样式，采用切纸技术制作而成。
观看定格动画视频请访问: https://vimeo.com/167099873
制作视频请访问: https://vimeo.com/167101046
　　　　　　　　　https://vimeo.com/167100320

设计师: 埃琳娜·乌里巴里
国家: 西班牙
设计机构: 寓所间
创意总监: 杰玛·特罗尔
设计总监: 埃琳娜·乌里巴里
客户: 禾富玛莎酒庄

# 为好天气干杯

设计师：埃琳娜·乌里巴里
国家：西班牙

## VIDA 葡萄酒

这是为 VIDA 葡萄酒品牌进行的包装设计。我们把葡萄串简化为三角形，作为包装的设计元素。

设计师：埃琳娜·乌里巴里
国家：西班牙
设计机构：寓所间
创意总监：杰玛·特罗尔
设计总监：埃琳娜·乌里巴里
客户：蒙桑特酒庄

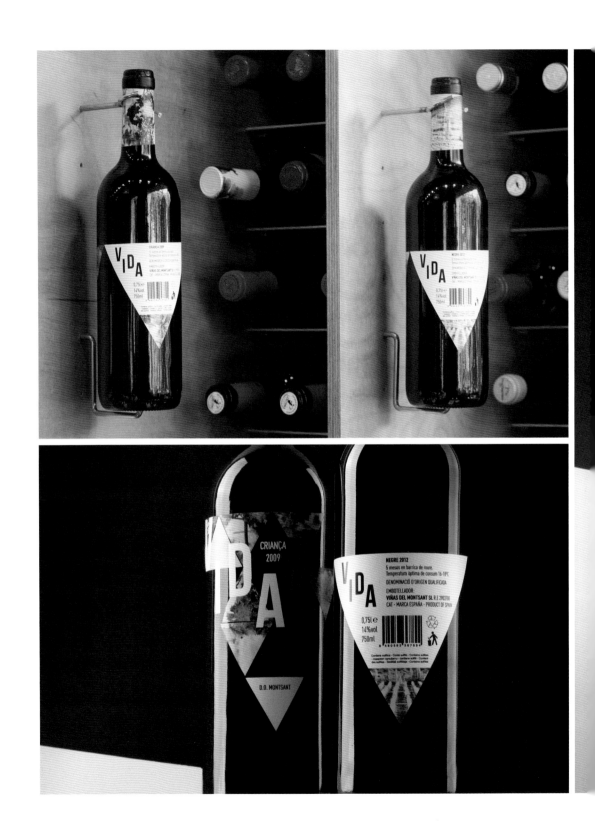

VIDA 葡萄酒

设计师：埃琳娜·乌里巴里
国家：西班牙

## 虫仔饼

虫仔饼（Genete）起源于葡萄牙，是由鸡蛋和牛油烘制而成，后来传入澳门，融入澳门当地风味，成为澳门的传统小吃，因其形状像虫仔而得名。在设计包装时，我们的客户希望能突出澳门和葡萄牙的两地风情，因此，我们选用了在澳门的葡萄牙式历史建筑作为包装图案。

设计师：藤河
国家：中国
客户：果蔬农场烘焙

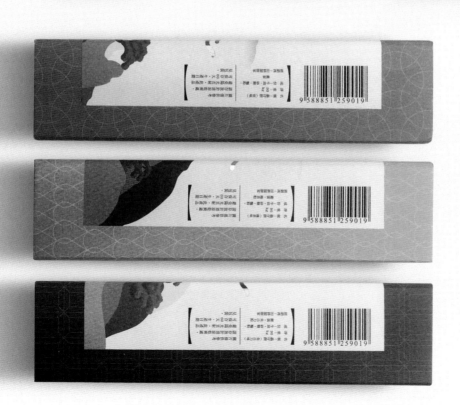

綠茶味

蟲仔餅

虫仔饼

设计师：藤河
国家：中国

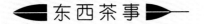

## 东西茶事

东西茶事是中国现代茶叶品牌，由一群茶叶爱好者联合创立，致力于为顾客提供高品质的饮茶体验。茶叶质量顶尖，来自全国各地，由工作人员精挑细选而出。

我们在设计品牌包装时，把重点放在茶叶的社会属性和饮茶分享时刻上，"分享"这一概念是我们的理念基础，这一点从商标的设计中就能看出来。设计的重中之重是包装。我计划为每种茶叶设计一套独一无二的包装，每种包装图案都表达一种隐喻，或是能代表该类茶叶的特点。绿茶的主题是"树影"，以突显其清爽的特点；白茶的主题是"羽毛"，因其味道轻微淡雅；黄茶是"太阳"，普洱茶是"翡翠"，等等。图案并不明显，有一种转瞬即逝的感觉，好似与他人分享时的美好时光。

设计师：科拉德·锡比尔斯基
国家：波兰
客户：东西茶事

# 东西茶事

设计师：科拉德·锡比尔斯基
国家：波兰

正山小种
Lapsang Souchong Black Tea

武夷山
Wu Yi Mountain

东西茶事

3g×10袋

东西茶事
Any Tea

# 东西茶事

设计师：科拉德·锡比尔斯基
国家：波兰

## 自然生仙女

自然生仙女是伦敦首屈一指以打造纯净产品而闻名的公司，为客户提供了一系列生鲜食品和果汁。他们每天都会向顾客提供优质新鲜的饮品，产品有机、无公害，成分纯净，质量过硬。我们重新设计了品牌商标和标签。

设计师：科拉德·锡比尔斯基
国家：波兰
客户：自然生仙女

自然生仙女

设计师：科拉德·锡比尔斯基基
国家：波兰

## 丹麦选择

丹麦奥克拉食品公司推出一款新饮品——酒精果饮。他们希望产品的包装设计能反映出品牌价值。我们在设计过程中也遇到了一些小困难，但这使得此次设计更加完美有趣。首先，产品的目标人群是男士。简洁的设计和有效的沟通是激发男士购买欲的关键。其次，该品牌的最大特色就是酒精与果汁的混合搭配，这在同行业中是独一无二的，应该突显这一特色。我们设计了圆形的标签、醒目的粗体字，并使用了对比鲜明的颜色，例如松石绿、橘色、紫罗兰色等，让该品牌在同类中脱颖而出。为了强调产品质感，我们使用粗糙、无涂层的纸来制作标签，同样使产品独树一帜。

设计机构：对位设计公司
国家：丹麦
客户：丹麦奥克拉食品公司

丹麦选择

设计机构：对位设计公司
国家：丹麦

# Jalm & B

Jalm & B 将大城市面包店的味道和感觉带到全国各地，是丹麦本土品牌。对位设计公司负责品牌的视觉形象和包装设计。我们曾为其冷冻食品进行包装设计。我们需要确保面包店的糕点在冷冻橱窗中足够醒目。因此，我们设计了一个醒目加粗的视觉形象，配有精美的花纹，以显示品牌的精巧工艺。我们把品牌名字中的"&"符号作为商标，使品牌迅速脱颖而出。

基于冷冻产品这一概念，我们选择了经过冷霜处理过的透明袋来包装面包。这样做保证了产品的手感和质感。客户希望将包装库存保持在最低水平，因此，我们采用了相同的包装，通过标签的不同来区别不同产品。这种包装设计时尚、现代，可保证产品质量，同时又适合在超市进行售卖。

设计机构：对位设计公司
国家：丹麦
客户：Jalm & B

Jalm & B

设计机构：对位设计公司
国家：丹麦

## ØKOLOGISK
## RUGBRØD

## ØKOLOGISKE
## BOLLER

## ØKOLOGISKE
## WIENERBRØD

## Fazer Geisha

Fazer Geisha 是经典的牛奶巧克力品牌，内有日本榛子夹心。该品牌是 1960 年受东京奥运会启发开创的。彼得·法泽是公司首席执行官，曾参加东京奥运会的帆船比赛。为了实现品牌目标，需要重新对包装进行设计，提升品牌形象。新形象是由五角设计公司完成的，设计师 Eili-Kaija Kuusniemi 设计了新的商标、粉色签名和精美插画。

根据品牌定位提升 Fazer Geisha 品牌形象和包装，在保证现有客户群的基础之上，实现更大的发展。提升关键视觉元素，使最终效果更加突出，充满现代感和连贯性，又不会丧失品牌的核心价值。新的包装形象也为零售发展开辟了良好道路，让顾客印象深刻。该品牌还有一系列产品，比如巧克力棒、巧克力块、果仁糖等。

设计机构：五角设计公司
国家：芬兰
创意总监：阿尼·阿容马
设计总监：皮亚·瑟曼（主要设计师）
客户：芬瑟糖果公司
摄影：安东·萨克斯多夫（产品摄影）/ 埃利·凯哈·库尼米（插画）/ 威利·皮卡·尼斯卡（包装摄影）

# Fazer Geisha

设计机构：五角设计公司
国家：芬兰

# - SHAKE MY HEAD! -

## 摇摇头

我们把"摇摇头"牛奶的包装设计成卡通形象,有搞怪的面部表情和头发。形象灵感来源于僵尸。我们工作室之前开发过一个僵尸游戏,而草莓奶昔的形状像极了大脑,灵感由此而来。我们决定使用这一形象,并设计出许多不同的表情。

设计师: 鲁斯塔姆・乌斯马诺夫
国家: 俄罗斯
设计机构: 思维艺术

# PACK
## CONS-
## -TRUC-
## -TION

包装构成

Plastic
塑料

Paper
纸

Perforation
孔窗

依照不同价位

price matters

enjoy with
the whole family

摇摇头

设计师：鲁斯塔姆·乌斯马诺夫
国家：俄罗斯

size matters

不同的尺寸，不同的故事。

# DIFFERENT SIZES Different Stories

[S]
150ml

[M]
300ml

[L]
500ml

**FRESH BRAIN**

SHAKE

drink me

**NIR- VANA**

SHAKE

drink me

摇摇头

设计师：鲁斯塔姆·乌斯马诺夫
国家：俄罗斯

RED
CITRUS

SHAKE

drink me

CHOKO
GANGSTER

SHAKE

drink me

263

# PUNK BLUE
### SHAKE

drink me

# STRONG BERRY
### SHAKE

drink me

摇摇头

设计师：鲁斯塔姆·乌斯马诺夫
国家：俄罗斯

# FROZEN MIND

**SHAKE**

drink me

# HILL MAN

**SHAKE**

drink me

## 燕子的眼睛

这是为限量版马尔堡白苏维浓葡萄酒品牌打造的。

我们要打造一个独一无二的葡萄酒品牌，包装设计也要独具一格，使其在同类产品中脱颖而出。品牌的优势在于回归自然，给人大自然的感觉。我们要在节约成本的基础之上完成此次设计。

燕子飞过马尔堡的葡萄园，在天空中拼凑出美丽的景象。我们的标签设计就是基于这样的灵感，设计成仰望燕子飞过天空时的景象。当成群的燕子飞过时，表示葡萄到了成熟的季节。在酒瓶的标签上，我们使用两只鸟作为商标。

设计机构：创意方法工作室
国家：澳大利亚
客户：马尔堡葡萄酒庄

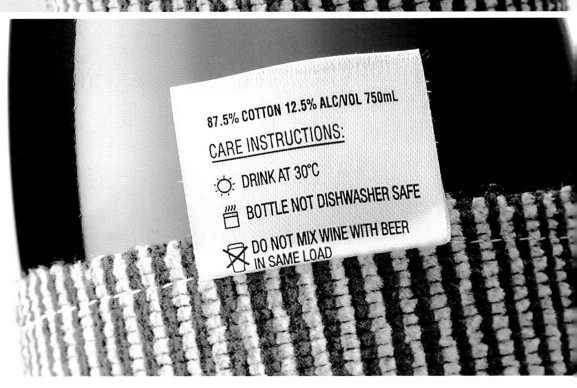

燕子的眼睛

设计机构：创意方法工作室
国家：澳大利亚

## THE DOUGH COLLECTIVE 面包店

THE DOUGH COLLECTIVE 面包连锁店致力于澳大利亚烘焙产业的新变革，以重新赢得消费者青睐。该公司希望成为澳大利亚现代连锁烘焙品牌，为消费者提供物美价廉的面包产品。手工制作的面包独具匠心，而且口感细腻、造型新颖，符合现代消费者的选择；其配方独特，原料均选自优质作物，经由来自世界各地的顶级烘焙师，为您带来不一样的美食体验。

我们把新元素与旧元素混合搭配设计，减少了开支。商店外观看起来颇有亚洲风情，但我们需要创造性地融入西方元素。我们在包装纸袋上印刷着摘抄的句子，既能与消费者进行沟通，又能宣扬理念。包装的颜色选用了橙色，配有黑色商标，创意十足。

品牌形象简单、时尚，标志着现代化烘焙店。

设计机构：创意方法工作室
国家：澳大利亚
客户：THE DOUGH COLLECTIVE 面包烘焙店

# THE DOUGH COLLECTIVE 面包店

设计机构：创意方法工作室
国家：澳大利亚

THE DOUGH COLLECTIVE 面包店

设计机构：创意方法工作室
国家：澳大利亚

# BOLARN

## BO LARN 餐厅

BO LARN 是一家泰国餐厅，历史悠久，底蕴深厚。餐厅的名字是泰语，意思是"古老"。在设计这个品牌形象时，我们希望能传达出品牌的古老历史和丰富经历。创始人和餐厅主厨把烹饪秘方一代代传下来，这种精神遗产和久远的历史需要在形象设计中突显出来。我们希望用一种活泼的方式把它们表达出来。品牌名字中的"O"被设计成一弯月亮，字母下面有一艘行驶在水面上的小船，整体作为品牌的商标。餐厅的装饰画描绘的是历代餐厅主厨的故事和美食之旅。

设计机构：创意方法工作室
国家：澳大利亚
客户：飞马集团

**BO LARN 餐厅**

设计机构：创意方法工作室
国家：澳大利亚

15°

## SUMO 沙拉

SUMO 沙拉是新鲜沙拉行业的领导者，其需要提升品牌形象，增进与消费者之间的交流。
我们从最基本的出发点着手，考虑品牌的战略定位和核心价值。我们最初制定了公司宣言，想把它尽可能转化成视觉触点，加深消费者印象。
我们考虑的重点是，要塑造更强烈的新鲜感，并使品牌与农民的衔接更密切，用一种独特的语言来塑造品牌的领导者形象。
我们对品牌的一系列产品，如 SUMO 烘焙、SUMO 咖啡、SUMO 低温慢煮和 SUMO 果汁进行商标重塑；受土豆的启发设计了包装字体
和颜色，还有一系列的印章标记和针对农民和消费者的宣传海报。我们还设计了菜单、票券、制服和室内装饰。

设计机构：创意方法工作室
国家：澳大利亚
客户：SUMO 沙拉

## SUMO 沙拉

设计机构：创意方法工作室
国家：澳大利亚

# SUMO 沙拉

设计机构：创意方法工作室
国家：澳大利亚

## SUMO 沙拉

设计机构：创意方法工作室
国家：澳大利亚

## 与 Label & Litho 品牌进行的成功合作

我们团队与 "Label & Litho NZ" 进行了成功的标签设计合作。
在过去几十年里，我们与 Label & Litho 进行过许多次合作。我们的目标是通过设计思维和创新能力，创造引人入胜的视觉效果和高质量的印刷效果，设计出成功的标签和包装作品。

设计机构：创意方法工作室
国家：澳大利亚
客户：Label & Litho

与 Label & Litho 品牌进行的成功合作

设计机构：创意方法工作室
国家：澳大利亚

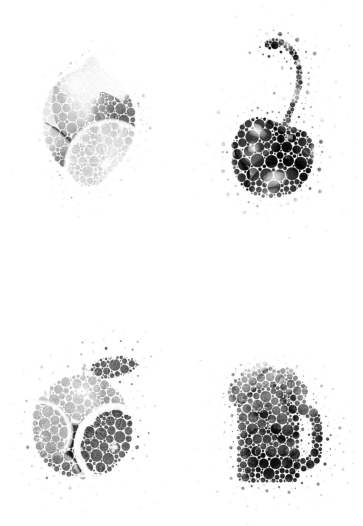

## Obi Pr(obi)tic Soda 苏打水

Obi 是一个真正致力于提供健康苏打水的品牌，他们希望在品牌包装上体现出"有益身心的泡泡苏打"这一理念。我们的设计团队受美国 Obi 公司的邀请，负责此次包装设计——既要体现出产品的科学健康，又要表现出苏打水的活力。因此，我们在标签上选用了白色作为背景。插图受气泡图片的启发，是真实拍摄的。这样的包装设计不但能让人清晰地辨认出不同口味，还能体现出品牌的活力。我们在品牌名字的几个字母中间加了一个括号，有助于消费者更好地记住品牌名字的来源。

设计机构：创意方法工作室
国家：澳大利亚
客户：Obi Pr(obi)tic Soda 苏打水

293

## Ecokavkaz 花草茶

Ecokavkaz 是高端花草茶品牌，其原料来自达吉斯坦高地的珍贵草药。莫斯科独角兽设计工作室要完成两个任务：一是要反映出品牌的领导者地位，二是体现出品牌的生态价值。并且，设计应该适应品牌未来的迅速发展。我们的设计理念可以用三个词来概括：纯净、统一和尊敬。我们使用了干净的颜色、平衡的搭配组合、显而易见的字体和明确的设计元素来体现这一理念。主要的包装图形元素是一个复杂的装饰图案，引人注目。图案根据颜色不同，可以有不同的变化方式。

目前，我们用白色作为花草茶包装背景，用黑色作为红茶包装背景。如果未来该品牌要继续扩大商品类别的话，再添加使用其他颜色即可。产品原料不同，包装图案的颜色也不同。单一花草茶（如约翰麦芽汁、薄荷）的包装只有装饰图案和字体，而混合茶（如花草混合茶、混合绿茶、混合红茶等）的包装上会有高加索的风景画。

设计师：尼古莱·库普里亚诺威
国家：俄罗斯
设计机构：莫斯科独角兽设计工作室
艺术总监：尼古莱·库普里亚诺威
客户：Ecokavkaz 花草茶
三维视觉效果：帕维尔·古宾

## Ecokavkaz 花草茶

设计师：尼古莱·库普里亚诺威
国家：俄罗斯

## 维德尼科夫酒庄

维德尼科夫酒庄位于俄罗斯唐河葡萄酒产区，是一个雄心勃勃的品牌。其葡萄酒由本土独特葡萄品种卡拉索佐罗托斯基（Krasnostop Zolotovsky）酿造而成。维德尼科夫酒庄品牌在世界最有影响力的品酒比赛中赢得了许多奖项。
莫斯科独角兽设计工作室负责维德尼科夫酒庄品牌的形象设计。设计基础是俄罗斯传统的"khokhloma"图案，采用素压印花制作。

设计师：尼古莱·库普里亚诺威
国家：俄罗斯
设计机构：莫斯科独角兽设计工作室
艺术总监：尼古莱·库普里亚诺威
客户：维德尼科夫酒庄

道家秘传

中华丹道养生

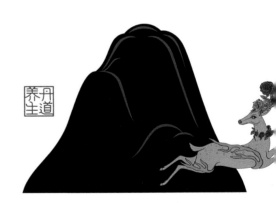

## 华丹养生酒

华丹养生酒是一款推崇丹道养生理念的养生酒。瓶身整体造型圆融大方，诠释道家天地自然的关系，道出养生归于自然的本质。瓶身运用四款插画区分四款不同功能的酒，通过描述传统文化中的典故，体现华丹自然养生的理念。

以"周公梦蝶"为主题，通过对梦的刻画，表现养心安神的功效，利用鱼和蝶相互之间的奇幻转化，突显安心入梦的浪漫。

以"福禄双运"为主题，刻画雌雄双鹿相互追逐的画面，表达其强盛的生命力，象征此款养生酒的功效。雌雄双鹿齐奔，一刚一柔，阴阳并济。

以"松鹤延年"为主题，通过对大自然中龟鹤松三者的刻画，展示悠然自得、安康长寿的自然姿态。

以"任逍遥"为主题，刻画婀娜女子弹奏古筝的画面，传达自由不羁的情感。

设计机构：大家创库
国家：中国
创意总监：张晓明
艺术总监：陈粤、区燕荣
客户：贵州华丹酒业有限公司
摄影：黄仁强、刘丹华

# 华丹养生酒

设计机构：大家创库
国家：中国

华丹养生酒

设计机构: 大家创库
国家: 中国

山里时光酵素

设计机构：大家创库
国家：中国
创意总监：张晓明
艺术总监：陈粤、区燕荣
客户：山里时光酵素
摄影：黄仁强、刘丹华

## 山里时光酵素

设计机构：大家创库
国家：中国

## 傍生铁皮石斛包装设计

设计机构：大家创库
国家：中国
创意总监：张晓明
艺术总监：陈粤、区燕荣
客户：贵州丹寨涵龙生物科技有限公司
摄影：黄仁强、杨广

我们是铁皮石斛的守护者

傍生铁皮石斛包装设计

设计机构：大家创库
国家：中国

我们是铁皮石斛的守护者

傍生铁皮石斛包装设计

设计机构：大家创库
国家：中国

猪宝宝
BABY PIG

## 猪宝宝艺术小酒

猪宝宝艺术小酒针对八零后、九零后的用户群，通过六个插画小故事引发话题及关注，使饮酒变得有趣。
形象猪宝宝代表着知足、可爱、憨厚，是幸福的象征；瓶体大小正好可握入手中，方便轻巧，线条圆润柔和，
贴合当下的"萌"属性。瓶身画面通过表现六个有爱的小故事，营造出温馨的情感气氛。

设计机构: 大家创库
国家: 中国
创意总监: 张晓明
艺术总监: 陈粤、区燕荣
客户: 贵州茅台酒厂（集团）保健酒业有限公司
摄影: 黄仁强、覃建福

猪宝宝艺术小酒

设计机构：大家创库
国家：中国

## 致谢

衷心感谢所有投稿本书的艺术家、设计师与设计机构，感谢所有参与本书
设计与制作的工作人员、翻译人员及印务公司，如果没有他们的努力与贡
献，本书也不会以一种优美的姿态呈现在读者面前。重视所有朋友提出的
宝贵意见和建议，我们一定会更加努力，坚持不懈地追求完美，让每一本
书都以高品质的面貌呈现。

## 加入我们

如果您想加入 DESIGNERBOOK 的后续项目及出版物，请将您的作品及信息
提交至 edit@designerbooks.com.cn。